AF314585

Recherches botaniques et zoologiques effectuées, en 1926 et 1927

dans le

cirque d'Espingo et la partie supérieure du val du port de Vénasque

(canton de Bagnères-de-Luchon, Haute-Garonne)

AVEC QUATRE PLANCHES EN PHOTOCOLLOGRAPHIE

FAITES SUR LES PHOTOGRAPHIES DE L'AUTEUR

PAR

Henri GADEAU DE KERVILLE

EXTRAIT

du *Bulletin de la Société des Amis des Sciences naturelles de Rouen*

(années 1926 et 1927)

ROUEN

IMPRIMERIE LECERF FILS

1928

Recherches botaniques et zoologiques
effectuées, en 1926 et 1927
dans le cirque d'Espingo
et la partie supérieure du val du port de Vénasque
(canton de Bagnères-de-Luchon, Haute-Garonne)

AVEC QUATRE PLANCHES EN PHOTOCOLLOGRAPHIE

FAITES SUR LES PHOTOGRAPHIES DE L'AUTEUR

PAR

HENRI GADEAU DE KERVILLE

INTRODUCTION

Depuis un quart de siècle, j'ai passé souvcntes fois une partie de la belle saison à Bagnères-de-Luchon[1]. Dans les environs de cette station thermale célèbre, qui certes mérite son surnom de « Reine des Pyrénées », j'ai fait, à cheval ou à pied, plus de cinq mille kilomètres. C'est dire que je connais bien cette admirable région de la partie centrale des monts pyrénéens, au sujet de laquelle j'ai publié deux volumes de tourisme[2].

Au cours de mes nombreuses excursions, où ma passion

[1]. Bagnères-de-Luchon est l'appellation officielle de la ville ; mais, pour abréger, on dit et on écrit couramment Luchon.

[2]. *Bagnères-de-Luchon et son canton (Haute-Garonne)*, avec 1 carte et 92 héliogravures faites presque toutes sur les photographies de l'auteur, Toulouse, Édouard Privat, 1925.

Autour du canton de Bagnères-de-Luchon (France et Espagne), avec 77 héliogravures faites presque toutes sur les photographies de l'auteur, Toulouse, Édouard Privat, 1928.

pour l'histoire naturelle trouvait grandement à se satisfaire, deux endroits m'ont particulièrement intéressé relativement à leur florule et à leur faunule : le cirque d'Espingo et la partie supérieure du val du port de Vénasque, situés l'un et l'autre aux environs de Bagnères-de-Luchon.

Les récoltes botaniques et zoologiques que j'y ai faites avaient un triple but : 1° savoir quelle était approximativement, au sujet du nombre des espèces végétales et animales, la proportion entre celui des espèces qui habitent à la fois les régions basses et les régions élevées, et celui de ces dernières vivant dans ces deux endroits dont l'ensemble présente de grandes analogies comme situation, composition géologique et richesse hydrologique ; 2° connaître, relativement à leur florule et à leur faunule, l'influence d'un écart d'altitude d'à peu près quatre cent cinquante mètres (cirque d'Espingo, altitude minima : 1880 mètres environ, et partie supérieure du val du port de Vénasque, altitude minima : 2320 mètres environ), et, 3° savoir comment ces deux endroits s'étaient peuplés de végétaux et d'animaux depuis que le retrait des derniers glaciers quaternaires et la disparition des neiges perpétuelles leur avait permis d'y vivre.

Le triple problème en question fait le sujet principal de ce modeste mémoire.

J'ajoute que, pour ce travail, j'ai cru devoir fixer à 600 mètres la limite, évidemment arbitraire, entre les régions basses et les régions élevées.

En sciences naturelles, la détermination précise des objets est de la plus grande importance, car, si elle n'est pas ainsi, des conséquences nuisibles en sont le résultat. C'est pourquoi, tenant à ce que toutes les espèces végétales et animales indiquées dans ce mémoire fussent rigoureusement déterminées, je me suis adressé à des savants d'une particulière compétence, auxquels je suis heureux d'exprimer ici ma profonde gratitude pour leur parfaite obligeance. Ce sont MM. Ernest de Bergevin, Lucien Berland, Henry-W. Brölemann, Joseph Chevalier, Lucien Chopard, Louis

Corbière, J.-R. Denis, Raymond Despax, Louis Dupont, Louis Fage, l'Abbé P. Frémy, Louis Germain, R. Hickel, le Dr V. Lallemand, Dominique Luizet, Auguste Méquignon, Gerrit S. Miller, Jr., le R. P. Longin Navás, A. d'Orchymont, Jean Pelosse, Raymond Peschet, Claude Pierre, Raymond Poisson, Raymond Rollinat, le Dr Maurice Royer, le Commandant A. Saint-Yves, le Dr Félix Santschi et le Dr Joseph Villeneuve. J'ajoute que, pour toutes les espèces végétales et animales, le nom du déterminateur est indiqué dans les pages suivantes.

CIRQUE D'ESPINGO

(Planches I et II)

Situé dans la partie supérieure du vaste territoire de la commune d'Oô, qui dépend du canton de Bagnères-de-Luchon, et au-dessus du lac d'Oô ou de Séculéjo, l'un des plus beaux et des plus grands de la chaîne des Pyrénées, le cirque d'Espingo, dont la superficie dépasse de beaucoup celle de la partie supérieure du val du port de Vénasque, présente une forme ovale. Sa base a une longueur maxima (nord-sud) de 1100 mètres environ et une largeur maxima (ouest-est) d'environ 800 mètres.

De hautes montagnes l'entourent, parmi lesquelles on distingue : au sud-ouest, le pic de Spijeoles, dont le sommet est à l'altitude de 3065 mètres ; au sud, la Tusse de Montarqué (2896 m.); au sud-est, le pic Quaïrat (3059 m.), etc., aucun de ces pics n'étant visible sur la planche I, qui montre des sommets moins élevés. A une distance rectiligne d'environ douze à quinze cents mètres des sommets de la Tusse de Montarqué et du Quaïrat se trouve la frontière franco-espagnole, qui sépare le département de la Haute-Garonne de la province d'Aragon. Quant au pic de Spijeoles, son sommet est sur la limite séparative du département de la Haute-Garonne d'avec celui des Hautes-Pyrénées.

D'après la carte géologique de France, la partie septentrionale du cirque d'Espingo est composée de schistes cristallins de la base de la série primaire, et la partie méridionale est granitique.

Dans ce cirque existent deux lacs d'assez grandes dimensions : le lac d'Espingo (pl. I et II) et le lac de Saousat (de Saoussat ou lac Saounsat).

Le lac d'Espingo est situé dans la partie septentrionale du cirque. Sa surface est à l'altitude de 1882 mètres, sa superficie d'environ sept hectares et demi et sa profondeur maxima de huit mètres[1]. Ses eaux passent dans une gorge pittoresque, ayant près d'un kilomètre de longueur, où elles forment de belles chutes dont la plus importante a reçu le nom d'un éminent pyrénéiste, la cascade Gourdon, puis elles constituent la célèbre cascade du lac d'Oô, d'une hauteur de 273 mètres.

Le lac d'Espingo reçoit un torrent dont une petite partie est visible au premier plan de la planche I, torrent formé par l'écoulement du second lac, celui de Saousat, situé dans la partie méridionale du cirque, dont la surface est à l'altitude de 1950 mètres, la superficie d'environ six hectares soixante-dix ares et la profondeur maxima de cinq mètres.

On voit, au bord de ce dernier, de remarquables spécimens de roche granitique dont les glaciers quaternaires ont poli et arrondi la surface.

Ajoutons que le Club Alpin Français a fait construire, dans le cirque d'Espingo, un hôtel-refuge qui a été inauguré le 16 septembre 1923. Modeste, mais confortable, il est précieux pour les ascensionnistes qui veulent atteindre aux cimes élevées de cette région, aux chasseurs d'isards et aux personnes qui désirent passer quelques jours dans un lieu

1. Je dois ces indications d'altitude, de superficie et de profondeur maxima des lacs d'Espingo et de Saousat à l'obligeance de M. Ludovic Gaurier, Président de la Commission de Glaciologie et d'Hydrologie des Pyrénées, qui a effectué et publié de remarquables études sur la glaciation dans les Pyrénées françaises et espagnoles.

très calme, à plus de dix-neuf cents mètres d'altitude. Il
est utile aussi aux naturalistes, mais ces derniers n'y vont
malheureusement qu'en bien petit nombre. Jadis on herbo-
risait, on chassait des insectes, on récoltait des minéraux
dans les montagnes luchonnaises. Maintenant, ce n'est plus
qu'un fait exceptionnel. Les goûts sont ailleurs. La fortune
est surtout recherchée ; on aime à faire parler de soi. Or,
quand on s'en occupe en amateur, la zoologie, la botanique,
la géologie, ne rapportent ni argent, ni gloire.

En été, le bassin d'Espingo, dit le savant et regretté pyrénéiste Émile Belloc[1], « est souvent égayé par la présence
des troupeaux et des bergers français ou espagnols prati-
quant la « transhumance », c'est-à-dire émigrant périodi-
quement, avec leurs bestiaux, d'une contrée à l'autre, pour
exercer les droits de pacage que des titres ou des usages
immémoriaux ont établi au profit des communes françaises
ou espagnoles, voisines de la frontière. Mais si la *ramada*
et les bêlements monotones des brebis qui la composent
animent momentanément ces solitudes, son voisinage immé-
diat peut avoir des inconvénients.

» En descendant par la *Couma escura*, un jour que je
photographiais quelques détails intéressants aux environs
du lac, je fus brusquement entouré par une foule de moutons dont l'état de surexcitation était indescriptible, bêlant,
se bousculant, fondant sur moi à coups de tête. J'eus
grand'peine à conserver l'équilibre au milieu de ce flot vivant. A grand renfort de bras et de coups de bâton, un
berger, étant parvenu à se frayer un passage à travers la
gent laineuse, me dit de lui passer un de mes sacs. Il
s'éloigna alors en criant : *Sáou, sáou, sáou* (sel, sel, sel),
et toute la bande le suivit aussitôt en faisant un vacarme
assourdissant.

1. *Recherches et explorations orographiques et lacustres dans les
Pyrénées centrales*, avec figures et carte en couleur hors texte (extrait
de l'Annuaire du Club Alpin Français, 21ᵉ vol., 1894), Paris, Club
Alpin Français, 1894, p. 18.

» Mes appareils mis en sûreté, je voulus savoir quel motif avait pu pousser ces animaux, habituellement paisibles, puisqu'on en fait l'emblème de la douceur et de l'innocence, à me courir sus. L'explication était fort simple, la voici telle que me la donna le berger : « Les moutons sont très » friands de sel ; la provision étant épuisée depuis trois » jours, les pauvres bêtes, en voyant les sacs que vous » portiez en bandoulière, avaient cru reconnaître, d'après » leur forme et leur couleur, le récipient contenant habi- » tuellement l'objet de leur convoitise ». C'est pourquoi, lorsque le pâtre avait poussé le cri de ralliement : « Sel, sel, sel... », tous ses pensionnaires s'étaient précipités vers lui ».

C'est entre l'altitude de 1880 mètres, qui est à peu près la plus basse du cirque d'Espingo, et celle de 1980 mètres, que pendant cinq jours, au milieu d'août 1926, et trois jours, à la fin d'août et au commencement de septembre 1927, j'ai fait des récoltes botaniques et zoologiques dans ce cirque. Évidemment, on ne peut, en quelques jours, réunir des matériaux suffisants pour bien connaître la florule et la faunule d'une localité, même d'une faible étendue. Il faudrait y consacrer des semaines, à différentes époques de la belle saison. Néanmoins, les listes ci-après sont assez longues pour en donner une bonne idée.

Dans cette localité, j'ai récolté, comme plantes, des Algues, des Hépatiques, des Mousses, des Cryptogames vasculaires et des Phanérogames, et, comme animaux, des Arthropodes, des Mollusques et des Vertébrés.

En ce lieu, la végétation basse est assez développée. Par contre, il n'y a, comme arbres, que des Pins à crochets (*Pinus uncinata* Ram.) qui forment un bouquet dans la partie septentrionale du cirque ou sont dispersés, en petit nombre, à ses flancs occidental et oriental. Quant à la faunule, elle est assez pauvre.

Voici l'énumération systématique des végétaux et des animaux que j'ai rapportés du cirque d'Espingo :

VÉGÉTAUX

ALGUES

(Détermination de M. l'Abbé P. Frémy)

ISOKONTÉES

CHLOROCOCCALES

* [1] **Pediastrum boryanum** Turp. — Dans un ruisseau.

* **Scenedesmus quadricauda** Turp. — Ibidem.

ULOTHRICALES

* **Microspora tumidula** Hazen. — Sur des pierres schisteuses.

* **Microspora willeana** Lagerh. — Dans le lac de Saousat et le torrent descendant de ce lac à celui d'Espingo.

CONJUGATÉES

* **Zygnema stellinum** Vauch. forma **typicum.** — Dans le lac de Saousat et le torrent descendant de ce lac à celui d'Espingo.

---

1. Le signe * précédant le nom du végétal ou de l'animal indique qu'il vit à la fois dans les régions basses et les régions élevées, la limite entre elles étant l'altitude de 600 mètres. Cette limite évidemment arbitraire, adoptée pour ce mémoire, n'est valable que pour certaines régions. En effet, on trouve à de basses altitudes, dans des pays froids, des espèces végétales et animales qui, dans des pays tempérés, vivent à des altitudes élevées.

✳ **Zygnema stellinum** Vauch. var. **subtile** Kütz. — Sur des pierres schisteuses.

✳ **Gonatozygon Brebissoni** de Bary. — Dans une marette.

✳ **Penium navicula** Bréb. — Ibidem.

✳ **Penium libellula** Focke. — Ibidem.

✳ **Closterium intermedium** Ralfs. — Ibidem.

Closterium ulna Focke. — Ibidem.

✳ **Closterium Dianæ** Ehrb. — Ibidem.

✳ **Closterium didymotocum** Corda. — Ibidem.

Closterium directum Archer. — Ibidem.

✳ **Closterium turgidum** Ehrb. — Dans un ruisseau.

✳ **Closterium lanceolatum** Menegh. — Dans une marette.

✳ **Closterium acutum** Bréb. — Ibidem.

✳ **Cosmarium moniliforme** Turp. — Ibidem.

✳ **Cosmarium botrytis** Menegh. — Ibidem.

✳ **Cosmarium pygmæum** Archer. — Ibidem.

✳ **Cosmarium Meneghinii** Bréb. — Ibidem.

✳ **Cosmarium subcucumis** Schmidle. — Ibidem.

✳ **Euastrum oblongum** Grev. — Ibidem.

Euastrum crassum Bréb. — Ibidem.

✳ **Hyalotheca dissiliens** Smith. — Ibidem.

✳ **Desmidium aptogonum** Bréb. — Ibidem.

Desmidium quadrangulatum Ralfs. — Ibidem.

⁎ **Desmidium Swartzi** Ag. — Ibidem.

HÉTÉROKONTÉES

⁎ **Tribonema bombycinum** Derb. et Sol. — Dans le lac de Saousat et le torrent descendant de ce lac à celui d'Espingo.

CHRYSOPHYCÉES

+[1] **Hydrurus fœtidus** Kirchn. — Dans le lac de Saousat.

BACILLARIALES (DIATOMALES)[2]

⁎ **Frustulia saxonica** Rabenh. — Dans une marette.

⁎ **Neidium iridis** Ehrb. — Ibidem.

⁎ **Amphipleura pellucida** Kütz. — Ibidem.

⁎ **Eunotia arcus** Ehrb. — Ibidem.

⁎ **Ceratoneis arcus** Kütz. — Dans le lac de Saousat et le torrent descendant de ce lac à celui d'Espingo.

⁎ **Tabellaria flocculosa** Roth. — Dans une marette.

1. Le signe + indique que le végétal ou l'animal ne se trouve, sauf des cas plus ou moins exceptionnels, que dans les régions élevées, c'est-à-dire au-dessus de 600 mètres.

2. Je n'ai recueilli qu'un bien petit nombre d'espèces de Diatomales. J'aurais augmenté grandement la liste si j'avais fait des récoltes spéciales de ces Algues dans les lacs d'Espingo et de Saousat.

MYXOPHYCÉES (CYANOPHYCÉES)

CHAMÉSIPHONÉES

* **Chamæsiphon curvatus** Nordst. — Sur des *Microspora*, dans le lac de Saousat et le torrent descendant de ce lac à celui d'Espingo.

HORMOGONÉES

* **Oscillatoria tenuis** Ag. — Dans une marette et dans le lac de Saousat et le torrent descendant de ce lac à celui d'Espingo.

* **Scytonema tolypotrichoides** Kütz. — Dans une marette.

* **Tolypothrix tenuis** Kütz. — Dans un ruisseau et sur des pierres schisteuses.

* **Nostoc sphæricum** Vauch. — Sur des pierres schisteuses.

* **Anabæna torulosa** Carm. — Dans une marette.

* **Anabæna sphærica** Born. et Flah. — Ibidem.

HÉPATIQUES

(Détermination de M. Louis Corbière)

JONGERMANNIINÉES

+ **Aplozia cordifolia** Hook. — Dans l'eau courante

MARCHANTIINÉES

* **Marchantia polymorpha** L.

MOUSSES

J'avais expédié de Bagnères-de-Luchon à M. Louis Corbière un certain nombre d'espèces de Mousses récoltées par moi au cirque d'Espingo. Malheureusement, elles n'ont pu être déterminées.

CRYPTOGAMES VASCULAIRES

LYCOPODIINÉES

(Détermination de M. Joseph Chevalier)

* **Lycopodium selago** L.

FILICINÉES

(Détermination personnelle)

* **Asplenium septentrionale** L.

* **Blechnum spicant** L.

+ **Aspidium lonchitis** L.

* **Phegopteris phegopteris** L.

+ **Pseudathyrium alpestre** Hoppe (*Polypodium rhœticum* L.).

* **Polypodium vulgare** L. — Les spécimens que j'ai récoltés avaient de petites frondes dont certaines portaient des sores

+ **Allosorus crispus** L.

PHANÉROGAMES

(Détermination de M. Joseph Chevalier,
sauf les Graminacées, les Cypéracées et les Joncacées,
déterminées par M. le Commandant A. Saint-Yves,
les Saxifrages par M. Dominique Luizet,
et le Pin par M. R. Hickel)

CONIFÉRACÉES [1]

+ **Juniperus communis** L. forma **nana** Willd.

+ **Pinus uncinata** Ram.

GRAMINACÉES

* **Nardus stricta** L.

* **Poa nemoralis** L.

1. En zoologie, le nom de toutes les familles est formé en ajoutant au radical du nom la désinence *idæ* (idés). J'estime que par analogie, en botanique, le nom de toutes les familles devrait être formé en ajoutant au radical la désinence *aceæ* (acées), ce qui permettrait de savoir immédiatement s'il s'agit d'une famille botanique ou zoologique. Il me semble illogique d'avoir mis, dans des flores, Cypéracées et Joncées, au lieu de Cypéracées et Joncacées, Liliacées et Orchidées, au lieu de Liliacées et Orchidacées, Géraniacées et Gentianées, au lieu de Géraniacées et Gentianacées, etc., noms dont les désinences ne sont pas uniformes. Si l'on prétend qu'il vaut mieux choisir le nom le plus court et dire Joncées, Orchidées, Gentianées, etc.; si, en outre, on veut uniformiser, il faut alors employer les termes de Rosées, Malvées, Campanulées, etc., au lieu de Rosacées, Malvacées, Campanulacées, etc., qui sont les termes courants. Mais, Rosées, Malvées, Campanulées, etc., s'expriment, en latin, par les mots *Rosæ*, *Malvæ*, *Campanulæ*, etc., et l'on ne pourrait plus dès lors savoir, quand ces noms latins seraient employés, s'il s'agit d'un nom de famille ou du pluriel d'un nom de genre. En définitive, je pense que la clarté, l'uniformité, la suppression de toute méprise, grâce à la désinence *aceæ* (acées) pour les noms de la totalité des familles botaniques, doivent l'emporter sur la tradition et l'euphonie.

* **Festuca rubra** L. subsp. **eurubra** Hack. : var. **commutata** Gaud. et subvar. **eucommutata** St-Yves (= var. *fallax* Hack. = *F. fallax* Thuill.).

* **Deschampsia flexuosa** Nees.

+ **Calamagrostis arundinacea** Roth.

CYPÉRACÉES

* **Carex vulgaris** Fries.

+ **Carex sempervirens** Vill.

+ **Carex frigida** All.

* **Eriophorum angustifolium** Roth.

JONCACÉES

+ **Luzula spadicea** D. C.

IRIDACÉES

+ **Iris xiphioides** Ehrh.

LILIACÉES

* **Narthecium ossifragum** L.

+ **Veratrum album** L.

* **Allium suaveolens** Jacq. pr.[1] **ericetorum** Thore.

URTICACÉES

* **Urtica dioica** L.

EUPHORBIACÉES

* **Euphorbia hibernica** L.

1. Pr. est l'abréviation du mot latin *proles* qui signifie race.

DAPHNÉACÉES

* **Daphne mezereum** L.

POLYGONACÉES

+ **Rumex montanus** Desf. subsp. **amplexicaulis** Lapeyr.

CHÉNOPODIACÉES

* **Chenopodium Bonus-Henricus** L.

LABIACÉES

* **Thymus serpillum** L. — J'ai trouvé des spécimens ayant l'acarocécidie produite par l'*Eriophyes Thomasi* Nal.

* **Stachys officinalis** L. (*Betonica officinalis* L.).

SCROFULARIACÉES

+ **Euphrasia tatarica** Fisch.

+ **Euphrasia alpina** Lam.

+ **Euphrasia salisburgensis** Funk.

+ **Euphrasia salisburgensis** Funk et pr. **Soyeri** Timb.

* **Pedicularis silvatica** L.

PLOMBAGINACÉES

+ **Armeria alpina** Willd.

ÉRICACÉES

+ **Rhododendron ferrugineum** L. — J'ai constaté que d'assez nombreux spécimens portaient, à leur feuillage, la mycocécidie produite par l'*Exobasidium rhododendri* Cram.

* **Calluna erica** D.C. (*Erica vulgaris* L.).

VACCINIACÉES

+ **Vaccinium uliginosum** L.

∗ **Vaccinium myrtillus** L.

CAMPANULACÉES

+ **Campanula Scheuchzeri** Vill.

+ **Campanula lanceolata** Lapeyr.

COMPOSITACÉES [1]

+ **Leontodon pyrenaicus** Gouan.

+ **Cirsium palustre** L. var. **spinosissimum** Willk.

+ **Carlina acaulis** L.

+ **Adenostyles albida** Cass. (*Cacalia albifrons* L.).

∗ **Arnica montana** L.

∗ **Leucanthemum vulgare** Lam.

+ **Gnaphalium silvaticum** L. subsp. **norvegicum** Gunn.

DIPSACÉES

∗ **Scabiosa succisa** L.

RUBIACÉES

∗ **Galium verum** L.

OMBELLACÉES

+ **Selinum pyrenæum** L.

+ **Peucedanum ostruthium** L.

---

1. Il faut Compositacées, et non Composacées, parce que le participe passé « composé, ée » se traduit en latin par le participe passé « *compositus, a, um* », le mot latin *composus* n'existant pas.

ONAGRARIACÉES

+ **Epilobium alsinifolium** Vill.

CRASSULACÉES

+ **Sempervivum Candollei** Rouy et Cam. pr. **minimum** Timb.

+ **Sempervivum tectorum** L. pr. **boutignyanum** Bill. et Gren.

* **Sedum anglicum** Huds. var. **pyrenaicum** Lange.

+ **Sedum rhodiola** D.C. (*Rhodiola rosea* L.).

SAXIFRAGACÉES

* **Parnassia palustris** L.

+ **Saxifraga aizoon** Jacq.

+ **Saxifraga aizoides** L.

ROSACÉES

* **Alchimilla vulgaris** L. subsp. **pratensis** Schmidt.

+ **Alchimilla alpina** L. subsp. **saxatilis** Buser.

* **Potentilla tormentilla** Crantz var. **humifusa** Lec. et Lamt.

+ **Geum montanum** L.

LÉGUMINACÉES

* **Lotus corniculatus** L. var. **arvensis** Ser.

+ **Trifolium pratense** L. pr. **nivale** Sieb. var. **luteopurpureum** Rouy.

+ **Trifolium alpinum** L.

* **Medicago lupulina** L.

HYPÉRICACÉES

∗ **Hypericum quadrangulum** L.

CARYOPHYLLACÉES

+ **Dianthus monspessulanus** L.

+ **Silene rupestris** L.

∗ **Silene cucubalus** Wibel pr. **vesicaria** Schrad.

CRUCIFÉRACÉES

∗ **Capsella bursa-pastoris** L. subsp. **rubella** Reut.

RENONCULACÉES

+ **Aconitum napellus** L. subsp. **vulgare** D. C.

∗ **Aconitum lycoctonum** L.

∗ **Caltha palustris** L.

∗ **Ranunculus repens** L.

ANIMAUX

ARTHROPODES

CRUSTACÉS

(Détermination de M. Jean Pelosse)

COPÉPODES

∗ **Canthocamptus Zschokkei** Schmeil. — Lac d'Espingo, 12 août 1926.

✶ **Cyclops strenuus** Fisch. — Lac d'Espingo, 12 août 1926, et lac de Saousat, 13 août 1926.

J'ai pêché cette espèce, le 19 août 1926, dans le lac d'Oô, qui est situé au-dessous du lac d'Espingo et dépend, comme lui, de la commune d'Oô.

CLADOCÈRES

✶ **Chydorus sphæricus** O.-F. Müll. — Lac d'Espingo, 12 août 1926.

✶ **Alona affinis** Leydig. — Lac d'Espingo, 12 août 1926, et lac de Saousat, 13 août 1926.

J'ai pêché cette espèce dans le lac d'Oô, le 19 août 1926.

NOTE. — Mes pêches au filet fin dans les lacs d'Espingo et de Saousat ont été faites pendant le jour. Comme je m'y attendais, celles effectuées près de la surface ne m'ont rien donné. Ce n'est qu'à de certaines profondeurs qu'elles m'ont fourni des Crustacés.

ARACHNIDES

(Détermination de M. Louis Fage)

ARANÉIDES

+ **Drassodes signifer** C. Koch. — Sous les pierres.

+ **Zelotes holosericeus** E. Sim. — Ibidem.

✶ **Asagena phalerata** Panz. — Ibidem.

✶ **Linyphia pusilla** Sund. — Parmi les plantes basses.

N᎒ᴛᴇ. — J'ai récolté, au cirque d'Espingo, de jeunes Aranéides des genres *Xysticus*, *Tegenaria*, *Lycosa* et *Pardosa*, indéterminables spécifiquement.

OPILIONS

* **Mitopus morio** Fabr. — Sous les pierres.

MYRIOPODES

(Détermination de M. Henry-W. Brölemann)

CHILOPODES

+ **Lithobius tricuspis** Mein. subsp. **mononyx** Latz. — Sous les pierres.

+ **Lithobius troglodytes** Latz. subsp. **apertorum** nov. subsp. — Ibidem.
M. Brölemann m'a écrit, en juin 1928, qu'il espérait que la description de cette sous-espèce paraîtrait bientôt.

* **Lithobius lapidicola** Mein. — Ibidem.

* **Lithobius castaneus** Newp. subsp. **audax** Mein. — Ibidem.

* **Cryptops hortensis** Leach subsp. **pauciporus** Brölem. — Ibidem.

* **Haplophilus subterraneus** Leach. — Ibidem.

DIPLOPODES

* **Schizophyllum sabulosum** L. — Ibidem.

* **Cylindroiulus londinensis** Leach subsp. **finitimus** Ribaut. — Ibidem.

INSECTES

COLLEMBOLES

(Détermination de M. J.-R. Denis)

DEGEERIDÉS

* **Tomocerus minor** Lubb. (*T. tridentiferus* Tullb.).
— Soús les pierres.

Orchesella sp. ? — Sous une pierre, un exemplaire.
Au sujet de cette très intéressante espèce, M. J.-R.
Denis m'a écrit qu'il n'en connaissait pas d'analogue, mais
qu'il ne voulait pas la décrire sur un seul exemplaire, ayant
l'espoir que j'en retrouverais d'autres. Je l'espère aussi, car,
en 1929, je compte faire de nouvelles chasses à l'endroit
du cirque d'Espingo où j'ai récolté le spécimen en question.

DERMAPTÈRES

(Détermination de M. Lucien Chopard)

FORFICULIDÉS

+ **Pseudochelidura sinuata** Germ. — Sous les pierres.

+ **Pseudochelidura sinuata** Germ. var. **Dufouri**
Serv. — Ibidem.

ORTHOPTÈRES

(Détermination de M. Lucien Chopard)

LOCUSTIDÉS

Gomphocerus sp. ? — Une femelle.
M. Lucien Chopard m'a écrit que presque certainement
il s'agissait d'une forme non décrite, mais qu'il désirait

avoir le mâle pour en décider. Il espère que je trouverai ce dernier au cirque d'Espingo, en 1929. Je l'espère aussi.

★ **Chorthippus parallelus** Zett.

★ **Stauroderus bicolor** Charp.

COLÉOPTÈRES

(Détermination de M. Auguste Méquignon,
sauf les deux Dyticidés, déterminés par M. Raymond Peschet,
et l'Hydrophilidé, par M. A. d'Orchymont)

CICINDÉLIDÉS

★ **Cicindela campestris** L. var. **conjuncta** D. Torre.
— Sur le sol.

CARABIDÉS

+ **Carabus violaceus** L. var. **fulgens** Charp. — Sur le sol.

+ **Bembidion pyrenæum** Dej. — Sous les pierres.

+ **Pterostichus amœnus** Dej. — Ibidem.

★ **Pterostichus madidus** Fabr. var. **concinnus** Sturm. — Ibidem.

+ **Pterostichus Xatarti** Dej. — Ibidem.

★ **Calathus melanocephalus** L. — Ibidem.

★ **Synuchus nivalis** Panz. — Ibidem.

★ **Cymindis humeralis** Fourc. — Ibidem.

DYTICIDÉS

+ **Hydroporus nivalis** Heer. — Dans une marette.

★ **Agabus congener** Payk. — Ibidem.

STAPHYLINIDÉS

* **Stenus brunnipes** Steph. — Sous les pierres.

SILPHIDÉS

* **Silpha rugosa** L.

HYDROPHILIDÉS

+ **Helophorus glacialis** Villa. — Dans une marette.

CANTHARIDÉS

Haplocnemus alpestris Kiesenw. ?

BYRRHIDÉS

* **Byrrhus pilula** L. — Sous les pierres.

ÉLATÉRIDÉS

+ **Hypnoidus riparius** Fabr. — Ibidem.

MÉLOÏDÉS

* **Meloë violaceus** Marsh. — Sur le sol.

CHRYSOMÉLIDÉS

* **Gastroidea viridula** Degeer.

* **Phædon armoraciæ** L. (*P. veronicæ* Bed.). — Sous les pierres.

+ **Lyperus pyrenæus** Germ.

+ **Galeruca monticola** Kiesenw.

+ **Minota impuncticollis** Allard.

CURCULIONIDÉS

+ **Otiorrhynchus auropunctatus** Gyll. var. **rufipes** Boh. — Sous les pierres.

+ **Otiorrhynchus monticola** Germ. var. à pattes rouges. — Ibidem.

+ **Barynotus unipunctatus** Dufour. — Ibidem.

SCARABÉIDÉS

* **Aphodius rufus** Moll. — Dans les bouses.

* **Geotrypes stercorarius** L. — Ibidem.

* **Geotrypes stercorosus** Scriba (*G. silvaticus* Panz.).

PARANÉVROPTÈRES

(Détermination du R. P. Longin Navás)[1]

ÆSCHNIDÉS

* **Æschna cyanea** Müll.

PLÉCOPTÈRES

(Détermination du R. P. Longin Navás)

PERLIDÉS

+ **Isoperla rivulorum** Pict.

+ **Chloroperla torrentium** Pict.

ÉPHÉMÉROPTERES

(Détermination du R. P. Longin Navás)

BÉTIDÉS

* **Bætis Rhodani** Pict.

---

1. On trouve Longinos Navás et Longin Navás. Sur ma demande, cet éminent entomologiste m'a fait savoir qu'il écrivait le premier nom en espagnol et le second en français.

ECDYONURIDÉS

+ **Ecdyonurus forcipula** Pict.

TRICHOPTÈRES

(Détermination du R. P. Longin Navás)

RHYACOPHILIDÉS

+ **Rhyacophila tristis** Pict.

ODONTOCÉRIDÉS

+ **Odontocerum albicorne** Scop.

LIMNOPHILIDÉS

+ **Limnophilus griseus** L.

+ **Stenophylax stellatus** Curt.

+ **Drusus annulatus** Steph.

Drusus trifidus Mac Lachl. ?

+ **Apatania fimbriata** Pict.

SÉRICOSTOMATIDÉS

+ **Micrasema longulum** Mac Lachl.

HYMÉNOPTÈRES

(Détermination de M. Lucien Berland, sauf les Formicidés,
déterminés par M. le Docteur Félix Santschi)

ICHNEUMONIDÉS

✳ **Cremastus spectator** Grav.

✳ **Sagaritis congesta** Holmgr.

FORMICIDÉS

+ **Myrmica sulcinodis** Nyl. — Sous les pierres.

* **Tetramorium cæspitum** L. — Ibidem.

* **Tetramorium cæspitum** L. var. **semilæve** André.
— Ibidem.

* **Lasius flavus** L. — Ibidem.

+ **Formica Lemani** Bondr. — Ibidem.

APIDÉS

* **Bombus lapponicus** Fabr.

+ **Bombus mendax** Gerst.

LÉPIDOPTERES

(Détermination de M. Louis Dupont)

TORTRICIDÉS

+ **Cnephasia argentana** Clerck.

PYRALIDÉS

+ **Pyrausta ærealis** Hübn.

+ **Titanio phrygialis** Hübn.

+ **Crambus radiellus** Hübn.

+ **Crambus petrificellus** Duponch.

GÉOMÉTRIDÉS

+ **Larentia verberata** Scop.

* **Lygris populata** L.

HESPÉRIIDÉS

Hesperia serratulæ Rambur ?

* **Augiades comma** L.

LYCÉNIDÉS

* **Chrysophanus virgaureæ** L.

NYMPHALIDÉS

* **Cœnonympha Pamphilus** L.

+ **Erebia Tyndarus** Esper.

+ **Erebia Pronoë** Esper.

+ **Erebia Epiphron** Knoch var. **Cassiope** Fabr.

+ **Argynnis Pales** Schiff.

* **Argynnis Euphrosyne** L.

* **Vanessa urticæ** L.

PIÉRIDÉS

* **Colias croceus** Fourc. (*C. edusa* Fabr.).

* **Pieris rapæ** L.

HÉMIPTÈRES

(Détermination de MM. Ernest de Bergevin (*Philœnus*),
le Docteur V. Lallemand (*Cicadula*)
et Raymond Poisson (*Arctocorisa* et *Gerris*)

HOMOPTÈRES

CERCOPIDÉS

* **Philænus lineatus** L.

JASSIDES

⋆ **Cicadula sexnotata** Fall.

HÉTÉROPTÈRES

CORIXIDÉS

⋆ **Arctocorisa lugubris** Fieb. — Dans des marettes.

⋆ **Arctocorisa lugubris** Fieb. var. **Ståli** Dgl. Sc. —
Ibidem.

GERRIDÉS

⋆ **Gerris gibbifer** Schumm. — Ibidem.

DIPTÈRES

(Détermination de M. le Docteur Joseph Villeneuve,
sauf les Tipulidés, déterminés par M. Claude Pierre)

BIBIONIDÉS

⋆ **Bibio pomonæ** Fabr.

TABANIDÉS

⋆ **Chrysozona (Hæmatopota) pluvialis** L.

ASILIDÉS

+ **Laphria flava** L.

LEPTIDÉS

+ **Symphoromyia crassicornis** Panz.

SYRPHIDÉS

⋆ **Syrphus torvus** Ost.-Sack.

⋆ **Chilosia impressa** Loew.

+ **Arctophila bombiformis** Fall.

MUSCIDÉS

+ **Platychira (Ernestia) vivida** Zett.

* **Calliphora erythrocephala** Meig.

* **Pollenia vespillo** Fabr.

* **Musca vitripennis** Meig.

* **Pseudopyrellia (Cryptolucilia) cæsarion** Meig.

+ **Rhynchotrichops rostratus** Meade.

+ **Helina pubiseta** Zett.

+ **Helina duplaris** Zett. var. à 3 soies dorso-centrales au lieu de 4.

+ **Enoplopteryx obtusipennis** Fall.

+ **Limnophora denigrata** Meig.

+ **Limnophora dispar** Fall.

* **Hylemyia variata** Fall.

+ **Cœnosia means** Meig.

TIPULIDÉS

* **Pachyrhina lineata** Scop.

* **Tipula irrorata** Macq.

* **Erioptera flavescens** L.

* **Limnophila phæostigma** Schumm.

* **Dicranota subtilis** Loew.

MOLLUSQUES

(Détermination de M. Louis Germain)

GASTÉROPODES

LIMACIDÉS

+ **Limax nubigenus** Bourg.

* **Agriolimax agrestis** L. — Sous les pierres.

ZONITIDÉS

* **Retinella Hammonis** Ström forma **subradiatula** Fagot. — Sous les pierres.

BYTHINELLIDÉS

+ **Bythinella Reyniesi** Dupuy. — Parmi les tiges d'une Hépatique aquatique (*Aplozia cordifolia* Hook.).

PÉLÉCYPODES

SPHÉRIIDÉS

* **Pisidium casertanum** Poli. — Dans des marettes.

VERTÉBRÉS

POISSONS

TÉLÉOSTÉENS

SALMONIDÉS

* **Salmo trutta** L. var. **fario** L.

Il a quelques années, j'ai communiqué deux Truites du lac d'Oô à un éminent ichthyologiste, M. le Dr Jacques Pellegrin, qui reconnut en elles des spécimens de la Truite commune (*Salmo trutta* L. var. *fario* L.) et, en raison de leur provenance et de leur bon état de conservation, les fit mettre dans les collections du Muséum national d'Histoire naturelle de Paris.

Les nombreuses Truites des lacs d'Espingo et de Saousat ne sont autres que des Truites communes, espèce qui, suivant les différentes eaux qu'elle habite, présente une grande variabilité dans ses proportions et sa coloration.

Les Truites n'ayant évidemment pu se rendre, par la très haute cascade du lac d'Oô, de ce lac à celui d'Espingo, on a fait des hypothèses pour expliquer leur présence dans ce dernier. On a dit que leurs œufs avaient pu être transportés par des vents violents ; on a dit aussi que leur existence à cette altitude pouvait être due à des soulèvements de montagnes, hypothèses bien difficilement acceptables. Le problème me semble beaucoup moins complexe. S'il y a des Truites dans le lac d'Espingo, c'est tout simplement, à mon avis, parce que des jeunes ou des adultes y furent transportés du lac d'Oô, ce qui n'offrait aucune difficulté sérieuse. Peut-être en a-t-on mis aussi dans le lac de Saousat ? En tout cas, elles auraient facilement pu se rendre du lac d'Espingo à ce dernier par le torrent qui les unit.

BATRACIENS

(Le *Triton asper* Dugès, déterminé par M. Raymond Despax,
et les autres espèces par moi)

ANOURES

RANIDÉS

✱ Rana temporaria L.

La Grenouille rousse est une espèce qui vit depuis les altitudes les plus faibles jusqu'à de très élevées.

Cette espèce, dit Victor Fatio[1], « est abondante en Suisse, depuis les vallées les plus basses jusqu'à de grandes hauteurs, dans la plupart des mares, des ruisseaux et des petits lacs alpins. Elle habite, entre autres nombreuses localités alpestres, les eaux de la Bernina et du Julier, dans les Grisons, à près de 2200 mètres au-dessus de la mer, le Seeloch du Mühlebach, à environ 2156 mètres, dans le canton de Glaris, et le Todtensee, à 2134 mètres dans l'Oberland bernois. On la rencontre plus haut encore, pendant la belle saison, parmi les herbes ou sous les pierres, jusqu'au-dessus de 2500 mètres ».

Au sujet de la Grenouille rousse, George Albert Boulenger dit[2], dans son ouvrage sur les Batraciens anoures de l'Europe, qu'elle monte jusqu'à 7200 pieds anglais (soit 2200 mètres environ) dans les Pyrénées, et 10.000 pieds (soit 3000 mètres environ) dans les Alpes italiennes.

Ayant trouvé cette Grenouille à 1870 mètres d'altitude, à la source de la Garonne, au plan de Béret, dans la vallée d'Aran (province espagnole de Catalogne); entre 1880 et 1950 mètres au cirque d'Espingo, et supposant que probablement on la rencontre un peu plus haut encore dans les Pyrénées, je pense que Boulenger a raison de dire que, dans ces montagnes, elle monte jusqu'à 7200 pieds anglais.

URODÈLES

SALAMANDRIDÉS

+ **Triton (Hemitriton) asper** Dugès forma **typicus**.

Le Triton (ou Euprocte) des Pyrénées, espèce particulière à cette chaîne de montagnes, est assez commun dans les ruisseaux pierreux qui se trouvent près de l'hôtel-refuge

1. *Faune des Vertébrés de la Suisse*, volume III, *Histoire naturelle des Reptiles et des Batraciens*, avec 5 planches dont 3 coloriées, Genève et Bâle, H. Georg, Paris, J.-B. Baillière et fils, 1872, p. 331.

2. *The Tailless Batrachians of Europe*, part II, London, printed for The Ray Society, 1898, p. 313.

14

du cirque d'Espingo, dont les eaux vont se jeter dans le lac de ce nom. Les uns sont cachés sous les pierres, les autres sont visibles dans l'eau. J'ai capturé des adultes entre 1880 et 1920 mètres, au milieu d'août 1926.

Ayant envoyé à M. Raymond Despax un des spécimens que j'avais recueillis au cirque d'Espingo, pour savoir s'il appartenait à la forme typique ou à la variété *rugosa* Bedriaga, il m'a obligeamment répondu qu'il se rapportait à la forme typique.

Au cours d'un remarquable mémoire[1], ce zoologiste dit ceci (tirés à part, p. 27) : « Dans les Pyrénées françaises, l'Euprocte se rencontre entre 700 et 2361 mètres d'altitude ; il est surtout fréquent à une altitude voisine de 2000 mètres ».

Le Triton des Pyrénées, dit George Albert Boulenger[2], « se rencontre sur les deux versants des Pyrénées, entre 700 et 2300 mètres ».

✻ **Triton palmatus** Schneid.

J'ai rapporté du cirque d'Espingo une femelle d'assez forte taille, recueillie vers 1880 mètres d'altitude.

Au sujet du Triton palmé, George Albert Boulenger[3] dit qu'on le rencontre « jusqu'à une altitude de 1000 mètres environ dans les Alpes et les Pyrénées ». Il existe beaucoup plus haut dans cette dernière chaine de montagnes, puisque je l'ai trouvé entre 1880 et 1900 mètres, auprès du lac d'Espingo.

1. *Contribution à l'étude anatomique et biologique des Batraciens Urodèles du groupe des Euproctes et spécialement de l'Euprocte des Pyrénées : Triton (Euproctus) asper* Dugès, avec cinq planches, dans le Bull. de la Soc. d'Histoire naturelle de Toulouse, ann. 1923, p. 185 et pl. I-V ; tirés à part, Toulouse, Veuve Bonnet, 1923, (pagination spéciale).

2. *Les Batraciens et principalement ceux d'Europe*, avec 55 figures dans le texte, Paris, Octave Doin et fils, 1910, p. 138.

3. *Les Batraciens*, etc., (op. cit.), p. 133.

Relativement à cette espèce dans les Pyrénées-Orientales, Raymond Despax dit ceci[1] : « J'ai recueilli, dans le lac de Pradeille (1960 mètres) et dans ses deux voisins, de nombreux Tritons palmés. Cette espèce n'avait jamais été signalée à pareille altitude ».

★ **Salamandra maculosa** Laur.

D'après Victor Fatio[2], la Salamandre tachetée, en Suisse, « ne s'élève guère, dans les montagnes, au-dessus de 1250 mètres ».

Cette espèce, dit George Albert Boulenger[3], « s'élève jusqu'à 1200 mètres dans les Alpes, mais devient rare à partir de 800 mètres ».

Dans les Pyrénées, la Salamandre tachetée monte plus haut, jusqu'à près de 2000 mètres. En effet, au cirque d'Espingo, entre 1880 et 1920 mètres, j'ai capturé des adultes marchant à terre et des larves dans les ruisseaux pierreux indiqués ci-avant au sujet du *Triton asper* Dugès.

REPTILES

LACERTILIENS

(Détermination de M. Raymond Rollinat)

LACERTIDÉS

★ **Lacerta vivipara** Jacquin.

Tantôt, la coque des œufs, simple membrane, est rompue par les jeunes dans l'abdomen de la femelle, et l'animal est ainsi vivipare. Tantôt, les œufs contiennent des jeunes qui en sortent très peu de temps après la ponte, et l'animal est dit ovipare.

1. Op. cit., tirés à part, p. 27.
2. Op cit., vol. III, p. 495
3. *Les Batraciens*, etc., (op. cit.), p. 114.

J'ai trouvé au cirque d'Espingo, entre 1930 et 1950 mètres d'altitude, dans un endroit humide, le 12 août 1926, une ponte de ce Lézard. Les œufs, qui étaient sur le côté d'une pierre, parmi de la mousse et de l'herbe, contenaient des jeunes bien développés.

Il paraît que, dans les Pyrénées, il est plutôt ovipare. La trouvaille que j'ai faite vient à l'appui de cette assertion.

Le Lézard vivipare, dit George Albert Boulenger[1], atteint l'altitude de 2670 mètres dans les Pyrénées, 3000 mètres dans les Alpes et en Bulgarie, 2100 mètres en Bosnie, 2400 mètres dans les Alpes transylvaniennes.

OPHIDIENS

(Détermination personnelle)

VIPÉRIDÉS

* **Vipera aspis L.**

Victor Fatio[2] dit qu'il doute que la Vipère aspic ait été observée, en Suisse, au-dessus de 1600 mètres.

Dans les Pyrénées, on rencontre cette Vipère jusqu'à 2000 mètres d'altitude environ. J'en ai tué une vers 1920 mètres au cirque d'Espingo.

Des indigènes croient qu'il existe, dans la partie centrale des Pyrénées, deux sortes de cette Vipère : l'une noire et l'autre rouge. La Vipère noire se tiendrait dans les parties basses des montagnes, et la Vipère rouge dans les parties élevées. Ils prétendent, de plus, que la piqûre de cette dernière serait plus dangereuse que celle de la Vipère noire.

D'après mes observations, je puis dire ceci :

1. *Monograph of the Lacertidæ*, volume 1, London, printed by order of the Trustees of the British Museum, 1920, p. 139.

2. Op. cit., vol. III, p. 225.

Dans la région de Bagnères-de-Luchon, on trouve des Vipères aspics dont les parties noires sont plus étendues que chez d'autres, qui en ont de roussâtres. De plus, les premières ne sont pas localisées dans les régions basses des montagnes constituant la partie centrale des Pyrénées. En effet, j'ai tué, entre le lac d'Oô et le cirque d'Espingo, un Aspic dont la coloration se rapportait à celle des premières.

Enfin, je ne crois pas que la coloration des Vipères aspics soit en rapport avec le degré de toxicité de leur venin, la gravité de sa pénétration dans le système circulatoire dépendant surtout de la quantité introduite dans le sang et de l'âge et de la constitution de la personne ou de l'animal piqué.

MAMMIFÈRES

(Détermination de M. Gerrit S. Miller, Jr.)

RONGEURS

MURIDÉS

* **Microtus arvalis** Pall.

J'ai envoyé à cet éminent mammalogiste une femelle dont l'abdomen contenait trois petits, d'une espèce de *Microtus* assez commune dans le cirque d'Espingo. Il m'a obligeamment répondu que, d'après l'examen du spécimen et de son crâne, c'était un *Microtus arvalis* de taille plutôt grande, mais sans caractères indiquant qu'il s'agissait d'une forme locale.

Le Microte (ou Campagnol) des champs, redoutable à l'agriculture, habite les régions basses et les régions élevées. Victor Fatio[1] dit qu'en Suisse, cette espèce, sous diverses formes, se trouve souvent jusqu'à 2350 mètres d'altitude.

1. *Faune des Vertébrés de la Suisse*, volume I, *Histoire naturelle des Mammifères*, avec 8 planches dont 5 coloriées, Genève et Bâle, H. Georg, 1869, p. 237.

Il serait utile pour la science que l'on recueillît, dans un certain nombre de localités de la chaîne des Pyrénées, beaucoup d'adultes de Micromammifères dont la détermination serait confiée à un spécialiste. Je suis persuadé que ces collections donneraient d'intéressants résultats.

PARTIE SUPÉRIEURE
DU VAL DU PORT DE VÉNASQUE

(Planches III et IV)

Le val du port de Vénasque, situé dans la partie haute du vaste territoire de la commune de Bagnères-de-Luchon et au pied duquel se trouve l'Hospice[1] de France, est bien connu des touristes et des baigneurs qui ont fréquenté la célèbre station thermale. En effet, c'est dans ce val qu'est le chemin muletier conduisant au célèbre port[2] de Vénasque, à 2448 mètres d'altitude, d'où, subitement, on jouit d'un merveilleux et austère panorama, celui du massif des Monts-Maudits ou de la Maladéta[3], qui se trouve en Espagne, dans la province d'Aragon. Là s'élève le pic d'Anéto ou de Néthou dont le sommet, à l'altitude de 3404 mètres, est le point culminant de la chaîne des Pyrénées.

C'est seulement la partie supérieure du val du port de Vénasque, où se trouvent quatre lacs, que j'ai étudiée au point de vue botanique et zoologique. Cette partie, dont la base s'étend sur une longueur maxima (nord-sud) de 600 mètres environ et une largeur maxima (ouest-est) d'environ 300 mètres, a une superficie beaucoup plus petite que celle

1. Le mot hospice est pris ici dans son sens primitif, mais vieilli, de lieu où l'on donne l'hospitalité, du latin *hospitium*, de même radical que *hospes, hospitis*. signifiant hôte. En réalité, c'est une auberge.

2 Le mot port est un terme pyrénéen signifiant généralement un col situé dans la grande chaîne qui sépare la France de l'Espagne.

3. Il convient, paraît-il, d'écrire Maladéta, et non Maladetta qui est l'orthographe courante.

du cirque d'Espingo. Ses limites sont : à l'ouest, la crête de Baliran ; au sud, le pic de Sauvegarde dont le sommet est à l'altitude de 2736 mètres, et, au sud-est, le pic de la Mine (2707 mètres) (pl. IV). La frontière franco-espagnole, séparant le département de la Haute-Garonne de la province d'Aragon, passe par le sommet du pic de Sauvegarde, le port de Vénasque et le sommet du pic de la Mine.

D'après la carte géologique de France, la partie supérieure du val du port de Vénasque est formée de schistes satinés infra-siluriens. Il y a aussi du granite.

Au bord des lacs, on remarque des rochers dont les glaciers quaternaires ont poli et arrondi la surface.

Les quatre lacs du port de Vénasque ont des eaux d'une admirable limpidité. Le plus grand est situé à la base du versant septentrional du pic de Sauvegarde. J'ai constaté que l'altitude moyenne de la surface de ces quatre lacs était de 2323 mètres. Comme je l'ai déterminée au moyen de deux observations barométriques, bien qu'elles fussent exactement concordantes, il ne s'agit pas là d'une certitude. Ces lacs sont souvent appelés les lacs de Boum, à tort, puisque le mot *boum* signifie lac.

« On les croirait, dit Émile Belloc[1], remplis de saphir liquide, tant leurs eaux paraissent bleues. La plus grande et en même temps la plus élevée de ces cuvettes lacustres, qui se déversent l'une dans l'autre, est connue sous le nom de *Boum dél cap dél Port*. Bien que ce *boum* paraisse très petit, vu du chemin du Port, par suite du redressement des montagnes qui l'entourent et du manque d'échelle comparative, sa superficie avoisinait néanmoins douze hectares en 1894, époque à laquelle je l'ai sondé et exploré, et sa profondeur atteignait quarante-sept mètres, en chiffres ronds.

1. *De Bagnères-de-Luchon aux Monts-Maudits ; récits de courses et d'expériences*, avec 4 figures et 1 panorama, Paris, bureaux du Club Alpin Français, 1897, p. 19.

» Malgré mes recherches, très soigneusement faites à l'aide de mon appareil de sondage à fil d'acier et du bateau que j'avais fait monter tout exprès, les indigènes ne sont pas encore persuadés que ce lac ne communique pas directement avec la mer, comme le veut la tradition populaire.

« Ce lac n'a pas de fond, me dit un jour un montagnard,
» rien ne peut flotter à sa surface, tout ce qui y tombe est
» immédiatement englouti pour l'éternité. Il renferme des
» richesses incalculables, car, jadis, il ne se passait pas
» de semaine qu'il n'y tombât quelque mulet chargé d'or.
» Aucun n'a jamais reparu, et, si on le vidait, on pourrait
» recueillir les immenses trésors qui s'y sont accumulés
» depuis la création du monde ».

» J'eus beau m'ingénier pour faire comprendre à cette âme candide que ce lac, situé à plus de 2000 mètres d'altitude, ne pouvait avoir aucune espèce de relation directe avec la mer. J'essayai vainement de démontrer qu'ayant navigué moi-même pendant des journées entières sur ses eaux, elles n'offraient aucun danger. Ce fut peine perdue; l'entêté montagnard s'éloigna en hochant la tête.

» Une autre légende s'attache au *Boum dél cap dét Port,* très redouté des montagnards, surtout au temps passé. Dans leur croyance naïve ils étaient fermement convaincus que ce lac était hanté par *éras éncantadas* (les fées). C'est en tremblant, avec mille précautions et sans faire aucun bruit, qu'ils passaient sur ses bords : malheur à l'imprudent qui, par mégarde, aurait fait rouler quelque pierre dans l'eau ! Troublées dans leur repos, les ondines, surgissant impétueusement de leur impénétrable retraite, soulevaient des vagues énormes, et le voyageur disparaissait à jamais dans l'abîme insondable ! A quelques nuances près, cette légende enfantine est la même dans tous les pays....

» Une autre croyance populaire, également très vivace, veut que des animaux fantastiques habitent le *boum* du Port de Vénasque. Quelques individus affirment y avoir vu des êtres monstrueux dont le corps, semblable à celui des poissons, était pourvu de quatre pattes et d'une tête rappelant celle d'un jeune veau. Il se peut qu'un fond de vérité, grossi par l'imagination et l'amour du merveilleux, ait donné naissance à cette autre légende. Autrefois, la gent carnassière pullulait dans certaines parties des Pyrénées. Les loutres en particulier, ces pirates nocturnes dont malheureusement la race n'est pas encore complètement éteinte, causaient des ravages considérables dans les lacs et les cours d'eau. Il suffit qu'à travers les lueurs crépusculaires du soir ou celles de l'aube matinale, quelqu'un de ces malfaisants quadrupèdes ait été aperçu par hasard, pêchant dans ces parages, pour que les montagnards, peu familiarisés avec leur forme, les aient pris pour des animaux surnaturels. Du reste, si la présence des loutres a pu être réellement constatée en ces lieux, il n'en faut pas davantage pour expliquer aujourd'hui l'absence complète de truites dans les lacs du Port ».

Émile Belloc a publié cet intéressant passage en 1897. J'ignore s'il y a toujours des montagnards convaincus de l'existence d'ondines dans le plus grand des quatre lacs du port de Vénasque ; mais je sais que, maintenant, certaines gens croient à l'existence d'un énorme poisson dans ce lac où il n'y a pas un seul individu appartenant à cette classe de Vertébrés. J'ai constaté que certains jeux de lumière à sa surface pouvaient donner l'apparence d'un gros animal en mouvement dans l'eau, illusion qui peut aussi se produire quand elle est soulevée par des tourbillons de vent. L'attrait du surnaturel et la crédulité naïve, encore si développés à l'époque de la téléphonie sans fil et de l'avion, déconcertent la raison.

C'est entre l'altitude de 2320 mètres, qui est à peu près la plus basse de la partie supérieure du val du port de Vénasque, et celle de 2350 mètres, que le 29 septembre 1926 et les 9, 14 et 19 septembre 1927, j'ai fait des récoltes botaniques et zoologiques dans ce lieu. Comme je l'ai dit à propos du cirque d'Espingo, je ne pouvais, en aussi

13

peu de temps, réunir des matériaux suffisants pour bien connaître la florule et la faunule d'un endroit même aussi restreint que la partie supérieure du val en question. Il eût fallu y aller à différentes époques de la belle saison. Néanmoins, les listes ci-après peuvent donner une bonne idée des végétaux et des animaux qui vivent dans cet endroit sauvage.

J'y ai récolté, comme plantes, des Algues, des Hépatiques, des Mousses, des Cryptogames vasculaires et des Phanérogames, et, comme animaux, seulement des Arthropodes.

Dans ce lieu, la végétation basse est peu développée et il n'y a aucun arbre. Quant à la faunule, elle est pauvre.

Voici l'énumération systématique des végétaux et des animaux que j'ai rapportés de la partie supérieure du val du port de Vénasque :

VÉGÉTAUX

ALGUES

(Détermination de M. l'Abbé P. Frémy)

ISOKONTÉES

VOLVOCALES

* **Asterococcus superbus** Scherffel.

ULOTHRICALES

* **Microspora tumidula** Hazen.

DINOPHYCÉES (PÉRIDINIÉES)

* **Peridinium cinctum** Müll.

MYXOPHYCÉES (CYANOPHYCÉES)

CHROOCOCCALES

✳ **Chroococcus turgidus** Kütz.

✳ **Chroococcus limneticus** Lemm.

✳ **Chroococcus minutus** Kütz.

HORMOGONÉES

✳ **Stigonema ocellatum** Thur.

✳ **Scytonema tolypotrichoides** Kütz.

HÉPATIQUES

(Détermination de M. Louis Corbière)

JONGERMANNIINÉES

✳ **Diplophyllum obtusifolium** Hook.

✳ **Pleuroschisma tricrenatum** Wahl. var. **implexum** Nees.

+ **Cephalozia pleniceps** Aust.

✳ **Sphenolobus exsectus** Schmid.

+ **Lophozia lycopodioides** Wallr.

+ **Aplozia cordifolia** Hook. — Dans l'eau courante.

+ **Marsupella Sprucei** Limpr.

+ **Acolea concinnata** Lightf.

✳ **Pellia epiphylla** L.

MOUSSES

(Détermination de M. Louis Corbière)

SPHAGNINÉES

* **Sphagnum acutifolium** Ehrh.

* **Sphagnum acutifolium** Ehrh. subsp. **quinquefarium** Lindb. formæ **fuscescens** et **viridis**.

PLEUROCARPES

* **Hylocomium loreum** L.

* **Hylocomium squarrosum** L.

* **Hylocomium splendens** Hedw.

* **Ctenidium molluscum** Hedw.

* **Hygrohypnum molle** Dicks.

* **Hygrohypnum molle** Dicks. var. **dilatatum** Wils.

+ **Cratoneuron sulcatum** Schimp.

* **Drepanocladus uncinatus** Hedw.

* **Drepanocladus fluitans** L.

* **Oxyrhynchium rusciforme** Weis var.

* **Brachythecium salebrosum** Hoffm.

+ **Pseudoleskea atrovirens** Dicks.

+ **Heterocladium squarrosulum** Voit.

* **Pterogynandrum filiforme** Hedw.

* **Fontinalis antipyretica** L. — Dans l'eau courante.

ACROCARPES

+ **Polytrichum juniperinum** Willd. var. **alpinum** Br. eur.

* **Polytrichum strictum** Banks.

+ **Polytrichum piliferum** Schreb. var. **Hoppei** Hornsch.

+ **Pogonatum alpinum** L.

+ **Pogonatum alpinum** L. var. **brevifolium** Brid.

+ **Webera Ludwigi** Schwægr.

+ **Philonotis seriata** Mitt.

+ **Philonotis seriata** Mitt. var. **adpressa** Ferg.

* **Bartramia halleriana** Hedw.

* **Bartramia ithyphylla** Brid.

+ **Bryum neodamense** Itzigs.

* **Amphoridium Mougeoti** Br. eur.

* **Rhacomitrium lanuginosum** Hedw.

* **Rhacomitrium lanuginosum** Hedw. var. **subimberbe** Hartm.

+ **Rhacomitrium fasciculare** Schrad. forma **gracile** Boul.

+ **Rhacomitrium sudeticum** Funck.

+ **Rhacomitrium sudeticum** Funck var. **validius** Jur.

+ **Grimmia patens** Dicks.

* **Grimmia Hartmani** Hampe.

+ **Grimmia alpestris** Schleich.

* **Tortella tortuosa** L.

+ **Gymnostomum rupestre** Schwægr.

* **Leucobryum glaucum** L.

+ **Dicranum falcatum** Hedw.

+ **Dicranum albicans** Br. eur.

+ **Oncophorus virens** Hedw.

+ **Weisia wimmeriana** Br. eur.

+ **Dicranoweisia crispula** Hedw.

∗ **Dichodontium pellucidum** L.

CRYPTOGAMES VASCULAIRES

LYCOPODIINÉES

(Détermination de M. Joseph Chevalier)

∗ **Lycopodium selago** L.

SÉLAGINELLINÉES

(Détermination de M. Joseph Chevalier)

+ **Selaginella spinosa** P. B. (*S. spinulosa* A. Br.).

FILICINÉES

(Détermination personnelle)

∗ **Cystopteris fragilis** L.

+ **Aspidium lonchitis** L.

+ **Pseudathyrium alpestre** Hoppe (*Polypodium rhœ-ticum* L.).

+ **Allosorus crispus** L.

PHANÉROGAMES

(Détermination de M. Joseph Chevalier,
sauf les Graminacées, les Cypéracées et les Joncacées,
déterminées par M. le Commandant A. Saint-Yves,
et les Saxifrages par M. Dominique Luizet)

CONIFÉRACÉES

+ **Juniperus communis** L. forma **nana** Willd.

Il y a, dans la partie inférieure du val du port de Vénasque,
auprès des Genévriers communs de la forme naine, à rameaux étalés sur le sol, d'autres à rameaux redressés, qui
peuvent être considérés comme intermédiaires entre la forme
typique et la forme naine. Je crois que cette dernière résulte
surtout de l'épaisseur de la neige et de la violence du vent
dans les régions élevées.

GRAMINACÉES

+ **Poa alpina** L.

+ **Festuca varia** Haenke subsp. **eskia** Hack. (*F. eskia*
Ram.).

* **Festuca rubra** L. subsp. **eurubra** Hack. : var. **commutata** Gaud. et subvar. **eucommutata** S¹-Yves (= var.
fallax Hack. = *F. fallax* Thuill.).

+ **Oreochloa disticha** Wulf. (*Sesleria disticha* Pers.).

+ **Agrostis rupestris** All.

+ **Phleum alpinum** L. var. **commutatum** Gaud.

+ **Colobachne Gerardi** Vill. (*Alopecurus Gerardi*
Vill.).

CYPÉRACÉES

+ **Carex atrata** L.

+ **Carex frigida** All.

JONCACÉES

+ **Luzula spadicea** D. C.

LILIACÉES

+ **Allium schœnoprasum** L.

CHÉNOPODIACÉES

* **Chenopodium Bonus–Henricus** L.

LABIACÉES

* **Thymus serpillum** L. subsp. **chamædrys** Fries.

* **Thymus serpillum** L. subsp. **angustifolius** Pers. var. **empetroides** W. et Gr.

SÉLAGINACÉES

+ **Globularia cordifolia** L. pr. **nana** Lam.

SCROFULARIACÉES

+ **Euphrasia tatarica** Fisch.

+ **Euphrasia salisburgensis** Funk.

+ **Veronica alpina** L.

GENTIANACÉES

* **Gentiana campestris** L.

PLOMBAGINACÉES

+ **Armeria alpina** Willd.

PLANTAGINACÉES

+ **Plantago alpina** L.

ÉRICACÉES

+ **Rhododendron ferrugineum** L. — J'ai constaté qu'un certain nombre de spécimens avaient, à leur feuillage, la mycocécidie produite par l'*Exobasidium rhododendri* Cram.

* **Calluna erica** D.C. (*Erica vulgaris* L.).

VACCINIACÉES

+ **Vaccinium uliginosum** L.

* **Vaccinium myrtillus** L.

CAMPANULACÉES

+ **Jasione perennis** Lam.

+ **Phyteuma hemisphæricum** L.

+ **Campanula Scheuchzeri** Vill.

COMPOSITACÉES

+ **Leontodon pyrenaicus** Gouan.

+ **Crepis pygmæa** L.

* **Taraxacum officinale** Web. pr. **dens-leonis** D.C.

+ **Senecio Tourneforti** Lapeyr.

+ **Doronicum grandiflorum** Lam.

+ **Pyrethrum alpinum** L.

+ **Gnaphalium supinum** L.

* **Antennaria dioica** L.

16

RUBIACÉES

+ **Galium commune** Rouy subsp. **umbellatum** Lam.
probablement la var. **papillosum** Lapeyr. ou la var. **lapey-
rouseanum** Jord.

OMBELLACÉES

+ **Selinum pyrenæum** L.

+ **Meum athamanticum** Jacq.

CRASSULACÉES

+ **Sempervivum Candollei** Rouy et Cam. pr. **minimum** Timb.

SAXIFRAGACÉES

+ **Saxifraga moschata** Wulf. subsp. **eumoschata** var.
versicolor subvar. **integrifolia** formæ et subformæ, Engl.
et Irmsch.

+ **Saxifraga moschata** Wulf. subsp. **eumoschata** var.
versicolor subvar. **fissifolia** forma et subformæ, Engl. et
Irmsch.

+ **Saxifraga ajugifolia** L.

+ **Saxifraga ajugifolia** L. $\times >$ **S**. **aquatica** Lapeyr.
(Rouy et Cam.) $= \times$ *S. capitata* Lapeyr. var. *pauciflora*
Luizet.

+ **Saxifraga stellaris** L. forma **vulgaris** Engl.

ROSACÉES

+ **Alchimilla alpina** L. subsp. **saxatilis** Buser.

+ **Potentilla nivalis** Lapeyr.

LÉGUMINACÉES

+ **Trifolium alpinum** L.

CARYOPHYLLACÉES

+ **Arenaria ciliata** L.

+ **Cerastium trigynum** Vill.

+ **Cerastium trigynum** Vill. var. **parviflorum** Ledeb.

+ **Dianthus monspessulanus** L.

+ **Silene rupestris** L.

+ **Silene acaulis** L.

* **Silene cucubalus** Wibel pr. **vesicaria** Schrad.

CRUCIFÉRACÉES

+ **Noccæa alpina** L. (*Hutchinsia alpina* R. Br.).

ANIMAUX

ARTHROPODES

CRUSTACÉS

(Détermination de M. Jean Pelosse)

COPÉPODES

* **Diaptomus laciniatus** Lilljeb. — Lacs de la partie supérieure du val du port de Vénasque, 19 septembre 1927.

* **Cyclops strenuus** Fisch. — Ibidem.
J'ai pêché cette espèce, le 19 août 1926, dans le lac d'Oô, qui est situé au-dessous du lac d'Espingo et dépend, comme lui, de la commune d'Oô.

CLADOCERES

* **Alona affinis** Leydig. — Lacs de la partie supérieure du val du port de Vénasque, 19 septembre 1927.
J'ai pêché cette espèce dans le lac d'Oô, le 19 août 1926.

* **Daphnia pulex** Degeer. — Ibidem.
J'ai pêché cette espèce en très grand nombre dans le lac d'Oô, le 19 août 1926.

ARACHNIDES

(Détermination de M. Louis Fage)

ARANÉIDES

+ **Drassodes signifer** C. Koch. — Sous les pierres.

+ **Cœlotes segestriiformis** C. Koch. — Ibidem.

OPILIONS

* **Mitopus morio** Fabr. — Ibidem.

MYRIOPODES

(Détermination de M. Henry-W. Brölemann)

CHILOPODES

+ **Lithobius troglodytes** Latz. subsp. **apertorum** nov. subsp. — Sous les pierres.
M. Brölemann m'a écrit, en juin 1928, qu'il espérait que la description de cette sous-espèce paraîtrait bientôt.

DIPLOPODES

* **Tachypodoiulus niger** Leach (*T. albipes* C. Koch). — Sous les pierres.

Note. — Dans la partie supérieure du val du port de Vénasque, j'ai trouvé, sous une pierre, une larve à 28 segments d'un Chordeumoïde des régions élevées au sujet duquel M. Brölemann m'a écrit ce qui suit en juin 1928 :

« **? Polymicrodon sp.** — Cette espèce m'est bien connue du cirque de Gavarnie, mais je n'ai pu trouver jusqu'alors les adultes. Le nom du genre, aussi bien que celui de l'espèce, sont donc encore à préciser ; la dénomination employée ici n'est destinée qu'à fixer les idées ».

INSECTES

DERMAPTÈRES

(Détermination de M. Lucien Chopard)

FORFICULIDÉS

+ **Pseudochelidura sinuata** Germ. — Sous les pierres.

+ **Pseudochelidura sinuata** Germ. var. **Dufouri** Serv. — Ibidem.

ORTHOPTÈRES

(Détermination de M. Lucien Chopard)

LOCUSTIDÉS

+ **Podisma pyrenæa** Fisch.

+ **Gomphocerus brevipennis** Bris.

COLÉOPTÈRES

(Détermination de M. Auguste Méquignon)

CICINDÉLIDÉS

* **Cicindela campestris** L. var **cærulescens** Schilsky. — Sur le sol.

CARABIDÉS

+ **Carabus problematicus** Herbst (*catenulatus* Scop.) var. **jugicola** Lapouge. — Sous les pierres.

+ **Nebria Lafresnayei** Serv. — Sous un mouton en décomposition.

+ **Pterostichus abacoides** Dej. — Sous les pierres.

+ **Pterostichus amœnus** Dej. — Ibidem.

STAPHYLINIDÉS

* **Philonthus ebeninus** Grav. (sensu stricto) (non Fauvel). — Sous un mouton en décomposition.

* **Creophilus maxillosus** L. — Ibidem.

CHRYSOMÉLIDÉS

* **Phædon armoraciæ** L. (*P. veronicœ* Bed.). — Sous les pierres.

+ **Galeruca monticola** Kiesenw.

CURCULIONIDÉS

+ **Otiorrhynchus monticola** Germ. — Sous les pierres.

PLÉCOPTÈRES

(Détermination du R. P. Longin Navás)

PERLODIDÉS

* **Perlodes microcephala** Pict.

TRICHOPTÈRES

(Détermination du R. P. Longin Navás)

RHYACOPHILIDÉS

Rhyacophila Kervillei sp. nov. — Le R. P. Longin

Navás a publié[1] la description de cette espèce nouvelle que j'ai trouvée, le 14 septembre 1927, dans la partie supérieure du val du port de Vénasque, et qu'il m'a fait l'honneur de me dédier.

LIMNOPHILIDÉS

+ **Drusus annulatus** Steph.

HYMÉNOPTÈRES

(Détermination de M. Lucien Berland, sauf les Formicidés, déterminés par M. le Docteur Félix Santschi)

FORMICIDÉS

+ **Myrmica sulcinodis** Nyl. — Sous les pierres.

+ **Formica Lemani** Bondr. — Ibidem.

+ **Formica Lemani** Bondr. var. **decipiens** Bondr. — Ibidem.

EUMÉNIDÉS

* **Odynerus parietum** L.

APIDÉS

* **Bombus lapponicus** Fabr.

* **Psithyrus quadricolor** Lepel.

* **Psithyrus rupestris** Fabr.

---

1. *Insectos Neurópteros y afines*, dans le Boletin de la Sociedad Entomológica de Espana, n° de mars-avril 1929, (*Rhyacophila Kervillei*, p. 41 et fig. a, b et c).

LÉPIDOPTÈRES

(Détermination de M. Louis Dupont)

GÉLÉCHIIDÉS

+ **Depressaria Heydeni** Z. — Vu par M. l'Abbé J. de Joannis.

GÉOMÉTRIDÉS

* **Lygris populata** L.

PIÉRIDÉS

* **Colias croceus** Fourc. (*C. edusa* Fabr.). — Je crois pouvoir rapporter à cette espèce des *Colias* que j'ai vus dans la partie supérieure du val du port de Vénasque.

* **Pieris rapæ** L.

* **Pieris brassicæ** L.

HÉMIPTÈRES

(Détermination de M. le Docteur Maurice Royer)

HÉTÉROPTÈRES

PENTATOMIDÉS

+ **Eurydema cyanea** Fieb. — J'ai recueilli deux exemplaires de cette remarquable et rare espèce, le 14 septembre 1927, dans la partie supérieure du val du port de Vénasque [1].

1. Mme René Jeannel, femme de l'éminent entomologiste, a trouvé au même endroit, sous une pierre, le 20 août 1907, une femelle de l'*Eurydema rotundicollis* Dohrn appartenant à une variété nouvelle que le savant hémiptériste, M. le Docteur Maurice Royer, lui a dédiée sous le nom de *Berthæ*. (Bull. de la Soc. entomol. de France, ann. 1909, p. 198 et une figure).

DIPTÈRES

(Détermination de M. le Docteur Joseph Villeneuve,
sauf le Tipulidé, déterminé par M. Claude Pierre)

SYRPHIDÉS

* **Eristalis tenax** L.

MUSCIDES

+ **Admontia podomyia** Br.-Berg.

* **Calliphora erythrocephala** Meig.

* **Mesembrina meridiana** L.

+ **Allœostylus Sundewalli** Zett.

* **Anthomyia (Egle) radicum** L.

TIPULIDÉS

* **Tipula irrorata** Macq.

VERTÉBRÉS

Je n'ai rapporté aucun Vertébré de la partie supérieure du val du port de Vénasque.

Les quatre petits lacs qui se trouvent en cet endroit ne sont habités par aucun Poisson ; mais je ne saurais dire si, jadis, ils ne l'étaient pas par des Truites communes, venues naturellement en ces lacs ou par le concours de l'homme. Je suis porté à la négative, étant données leur situation topographique et leur altitude (2323 mètres en deux points situés entre le deuxième et le troisième lac, altitude déterminée par moi, mais au moyen de deux observations barométriques qui, malgré leur concordance, ne permettent pas de la considérer comme précise), étant données aussi la température très froide de leurs eaux et la faible quantité de nourriture que pourraient avoir les Truites.

Dans la partie supérieure du val du port de Vénasque, je n'ai pas récolté de spécimens du Triton des Pyrénées; mais je n'ai fait aucune recherche spéciale à son égard. Il convient d'ajouter que deux éminents pyrénéistes, MM. Émile Belloc et Maurice Gourdon, ont trouvé dans les lacs de ce lieu cet intéressant Batracien urodèle.

Laissant de côté certains Oiseaux qui ne se tiennent que d'une façon temporaire dans cet endroit particulièrement sauvage, j'ajoute, en terminant, que probablement il s'y trouve un petit nombre d'individus d'un Campagnol dont je ne saurais indiquer avec certitude le nom spécifique, mais qui est peut-être le Microte (ou Campagnol) des champs (*Microtus arvalis* Pall.) que j'ai rapporté du cirque d'Espingo.

CONSIDÉRATIONS GÉNÉRALES

Comme je l'ai dit précédemment, quelques jours de recherches ne suffisent certes pas pour connaître la florule et la faunule d'une localité, même aussi restreinte que le cirque d'Espingo et, plus encore, que la partie supérieure du val du port de Vénasque. Pour en avoir une connaissance assez complète, il faudrait s'y rendre bien des fois et à différentes époques de la belle saison.

De nombreux naturalistes ont herborisé et fait des récoltes zoologiques dans les deux localités dont il s'agit. Pour connaître le nom des espèces végétales et animales qu'ils ont indiquées, de fort longues recherches bibliographiques seraient nécessaires. Si je ne les ai point effectuées, c'est parce qu'il ne s'agit pas ici d'un travail d'ensemble, mais d'un modeste mémoire se bornant à indiquer les résultats de mes recherches. D'autre part, bien des naturalistes ont mentionné l'existence de telles et telles espèces végétales et animales dans telles et telles localités, sans faire connaître les altitudes auxquelles ils les trouvèrent. Or, pour ce mémoire, des renseignements altitudinaux précis étaient indispensables.

Sans nul doute, cette étude contient l'indication d'espèces de plantes et d'animaux qui n'avaient pas encore été signalés dans le canton de Bagnères-de-Luchon; mais je n'eusse fait aucune recherche bibliographique pour la satisfaction de pouvoir dire que je suis le premier à les mentionner.

Malgré leur insuffisance au point de vue floristique et faunique, je crois, néanmoins, que les matériaux rapportés par moi du cirque d'Espingo et de la partie supérieure du val du port de Vénasque, et déterminés par de savants spécialistes, sont assez nombreux pour me permettre de répondre, d'une manière générale, à trois questions que je m'étais posées. Si mes recherches ont porté sur ces deux localités, c'est parce que, situées l'une et l'autre au versant septentrional de la partie axiale de la chaîne des Pyrénées et dans le canton de Bagnères-de-Luchon, elles ont entre elles, leurs altitudes basilaires exceptées, de grandes analogies aux points de vue topographique, géologique, hydrologique, etc.

Voici ces trois questions :

1° Quelle est, approximativement, la différence entre le nombre des espèces végétales et animales que l'on trouve dans le cirque d'Espingo et la partie supérieure du val du port de Vénasque, mais que l'on ne rencontre pas au-dessous de 600 mètres en France, et le nombre de celles que, dans ce pays, on trouve à la fois au-dessous et au-dessus de cette limite altitudinale ? En d'autres termes, quelle est la différence, pour ces deux localités, entre le nombre des espèces monticoles[1] et celui des espèces ubiquistes[2] ?

2° Quelle est, relativement à leur florule et à leur faunule,

---

1. Monticoles, de *mons*, *montis*, montagne, et *colere*, habiter.

2. Ubiquistes, de *ubique*, partout. Il faut prendre le terme ubiquiste dans le sens relatif et non absolu.

l'influence d'un écart d'altitude d'à peu près 450 mètres entre les parties les plus basses (environ 1880 et environ 2320 mètres) de ces deux localités ?

3° Comment se sont-elles peuplées de végétaux et d'animaux depuis que le retrait des derniers glaciers quaternaires et la disparition des neiges perpétuelles y permirent le développement de la vie ?

Dans la première question, les indications suivantes : « 600 mètres » et « en France » ont besoin d'être expliquées.

A l'égard du canton de Bagnères-de-Luchon, auquel appartiennent les deux localités dont il s'agit, j'ai, pour la raison suivante, fixé à 600 mètres la limite altitudinale entre les espèces monticoles et les espèces ubiquistes.

Le canton luchonnais est situé dans la partie centrale des Pyrénées. Au nord de ce canton et de ceux qui lui sont contigus s'étend un vaste plateau formé de collines où sont les villes de Saint-Gaudens et de Montréjeau. Ce plateau subpyrénéen, qu'il convient de rattacher aux régions basses, dans le sens le plus large de ce terme, c'est-à-dire composées de plaines et de collines, présente de nombreux points dont l'altitude oscille entre 500 et 600 mètres, sans atteindre ce dernier nombre. Or, comme ce plateau ne possède pas d'espèces monticoles, sauf, peut-être, d'une manière exceptionnelle, je n'ai pas cru pouvoir fixer au-dessous de 600 mètres, pour le canton luchonnais, la limite altitudinale entre les espèces monticoles et les espèces ubiquistes. D'autre part, la fixer au-dessus m'eût semblé irrationnel, car, à l'altitude de 600 mètres, c'est déjà le climat de montagne. Je dois ajouter que cette limite est évidemment arbitraire.

De plus, si, dans la première question, j'ai dit : en France, c'est parce que beaucoup d'espèces, monticoles dans des pays tempérés, sont campicoles[1] dans des pays froids. Ainsi, pour n'en donner qu'un exemple, le *Silene acaulis* L., que j'ai récolté entre 2320 et 2350 mètres, dans la partie supé-

---

1. Campicoles, de *campus*, *campi*, plaine, et *colere*, habiter.

rieure du val du port de Vénasque, a été trouvé à l'altitude de 3630 mètres dans les Alpes et au niveau de la mer au Spitzberg. C'est là une des innombrables preuves de l'infinie complexité que rencontrent ceux qui étudient la nature vivante.

Relativement à la distribution hypsométrique, c'est-à-dire à la distribution selon l'altitude, des espèces végétales et animales dans le canton de Bagnères-de-Luchon, je crois que l'on peut distinguer les trois étages [1] suivants :

Premier étage, de 600 à 1300 mètres, qui est l'étage inférieur des montagnes ou étage montan [2]. (L'établissement thermal de Bagnères-de-Luchon est à l'altitude de 629 mètres).

Deuxième étage, de 1300 à 1700 mètres, qui est l'étage moyen des montagnes ou étage subalpin. (La limite supérieure des forêts dans le canton luchonnais est à l'altitude d'environ 1700 mètres).

Troisième étage, de 1700 à 3200 mètres, qui est l'étage supérieur des montagnes ou étage alpin.

Pour le canton de Bagnères-de-Luchon, je crois devoir diviser ce dernier étage en trois sous-étages :

Étage alpin inférieur, de 1700 à 2100 mètres.

Étage alpin moyen, de 2100 à 2500 mètres.

Étage alpin supérieur, de 2500 à 3200 mètres.

Il importe de répéter que les divisions hypsométriques, même lorsqu'on les restreint à un canton, sont toujours plus ou moins arbitraires.

L'esprit humain aime la simplification, les formules courtes, les renseignements précis ; il témoigne de la prédi-

---

1. Autrefois, on employait les termes de zone arctique, zone tropicale, zone désertique, zone alpine, etc. Actuellement, pour éviter toute confusion, on distingue les zones dans le sens horizontal d'avec les zones dans le sens vertical ; on conserve, pour les premières, le nom de zone, en remplaçant, pour les secondes, le nom de zone par celui d'étage.

2. Pour désigner ce premier étage des montagnes, certains biologistes ont employé le terme de région montane (de *montanus*, montagnard) ; d'autres, celui d'étage montagnard.

lection pour les lois qui résument en peu de mots un grand nombre de faits. Mais la nature vivante est infiniment complexe et souvent déconcertante, d'où il résulte que les lois établies par les biologistes ne sont, le plus souvent, que des approximations, et que, forcément, plus elles sont générales, plus elles s'éloignent de la précision dans les détails.

Pour les études concernant la vie végétale et animale dans les montagnes, il est nécessaire de délimiter des étages, mais il ne faut jamais oublier que ces limites sont flottantes et qu'elles expriment beaucoup plus le vague que la stricte réalité. Afin d'être précis, il faudrait fixer des limites altitudinales, non seulement pour chaque montagne, mais pour ses différents versants, ses différents sols, ses parties boisées ou non, etc., ce qui est impossible, pratiquement, s'il s'agit de tout un pays. Dans les études hypsométriques, il faut donc se contenter de l'approximatif, savoir que seules les lignes brisées expriment la réalité, en souriant quand on examine d'anciennes cartes concernant de vastes régions où, par exemple, les limites de telle et telle espèces de plantes sont indiquées par des lignes droites.

J'arrive maintenant à la première des trois questions que je me suis posées : Quelle est, approximativement, la différence entre le nombre des espèces végétales et animales que l'on trouve dans le cirque d'Espingo et la partie supérieure du val du port de Vénasque, mais que l'on ne rencontre pas au-dessous de 600 mètres en France, et le nombre de celles que, dans ce pays, on trouve à la fois au-dessous et au-dessus de cette limite altitudinale ?

En comptant, à ce sujet, le nombre des espèces végétales et animales indiquées précédemment, on arrive aux résultats mentionnés ci-après. Il est complètement inutile d'indiquer ici des nombres exacts, car, dans les deux localités en question, si j'avais effectué mes recherches une heure de plus ou de moins, les nombres ne seraient plus les mêmes. Néanmoins, je suis porté à croire que de plus longues recherches n'eussent pas amené des changements importants dans les résultats généraux.

D'après les matériaux botaniques et zoologiques très variés que j'ai rapportés, je puis dire ceci :

Pour le cirque d'Espingo, le nombre des espèces végétales et animales monticoles est nettement inférieur à celui des espèces ubiquistes.

Pour la partie supérieure du val du port de Vénasque, le nombre des espèces végétales monticoles est, par contre, nettement supérieur à celui des espèces ubiquistes. Quant au nombre des espèces animales monticoles, il est à peu près égal à celui de ces dernières.

Les animaux peuvent, mieux que les végétaux, se protéger contre certains des constituants des milieux ambiants de montagne dont ils auraient à souffrir, constituants qui sont très variés : lumière, froid, chaleur, sécheresse, humidité, enneigement, vent, composition du sol et sa concentration en ions hydrogène libres, etc.

Dès qu'une plante est sortie de terre, comme elle doit subir toutes les conditions du milieu ambiant, elle ne peut vivre que dans ceux qui lui conviennent, tandis que les animaux peuvent, en s'abritant, se garantir contre le froid, la chaleur, les radiations solaires, le vent, etc.

La deuxième question est la suivante :

Quelle est, relativement à la florule et à la faunule des deux localités dont il s'agit, l'influence d'un écart d'altitude d'à peu près 450 mètres entre leurs parties les plus basses (environ 1880 et environ 2320 mètres) ?

D'après le nombre des espèces végétales, monticoles et ubiquistes, rapportées par moi du cirque d'Espingo et de la partie supérieure du val du port de Vénasque, on constate que, pour cette dernière localité, l'écart est à l'avantage des espèces végétales monticoles sur les ubiquistes, tandis que, pour le cirque d'Espingo, c'est le contraire qui a lieu. Quant aux espèces animales, mes documents sont insuffisants pour en parler.

A l'égard du canton de Bagnères-de-Luchon, j'ai délimité l'étage alpin entre 1700 et 3200 mètres. Le résultat indiqué dans les lignes précédentes, montrant que la florule de la partie supérieure du val du port de Vénasque présente un caractère beaucoup plus alpin que celle du cirque d'Espingo, me paraît justifier, relativement au canton luchonnais, la division de l'étage alpin en trois sous-étages.

J'arrive enfin à la dernière des trois questions dont la recherche de la solution était venue à mon esprit : De quelle manière la vie végétale et animale s'est-elle développée au cirque d'Espingo et dans la partie supérieure du val du port de Vénasque depuis que le retrait des derniers glaciers quaternaires et la disparition des neiges perpétuelles y permirent le développement de la vie ?

Rappelons que, dans les temps quaternaires, ont eu lieu des phases glaciaires séparées par des phases interglaciaires à climat tempéré.

Il existe, dans la partie centrale des Pyrénées françaises, des points où la moyenne de la température annuelle est plus élevée qu'aux environs et dans lesquelles se trouvent des espèces végétales méditerranéennes actuelles, vestiges d'une flore disparue de ces contrées. Par de tels faits, on apprend que, dans cette région pyrénéenne, la température moyenne annuelle fut, à une certaine période des temps quaternaires, plus élevée qu'à notre époque. Il est donc probable qu'il y avait alors, comme maintenant, une florule et une faunule dans le cirque d'Espingo et la partie supérieure du val du port de Vénasque, mais on ne saura jamais exactement ce qu'elles étaient, car l'eau, à l'état liquide ou solide, et le vent n'en ont laissé aucune trace.

Évidemment, la florule et la faunule actuelles de ces deux localités ne proviennent pas d'altitudes supérieures où, aux phases glaciaires de l'époque quaternaire, la température moyenne était encore beaucoup plus rigoureuse qu'à notre époque et la vie pour ainsi dire impossible. Cette florule et cette faunule ont donc été constituées par des espèces vivant à des altitudes inférieures, qui se sont élevées progressivement dans ces endroits lorsque le retrait des glaciers et l'absence de neige pendant la saison chaude ont permis à la vie de s'y développer.

En examinant les listes des espèces végétales et animales données précédemment, on voit que beaucoup de celles que l'on trouve dans le cirque d'Espingo et la partie supérieure du val du port de Vénasque vivent aussi à des altitudes inférieures à 600 mètres, c'est-à-dire dans des régions basses. On peut donc admettre que ces espèces ubiquistes, qui peuvent s'accommoder de milieux ambiants différents, auront, après la dernière période froide de l'époque quaternaire, peu à peu remonté jusqu'aux altitudes élevées où elles habitent maintenant. J'ajoute que, très probablement, au moins la plupart de ces espèces ubiquistes, végétales et animales, seront montées du versant français des Pyrénées, car, entre la région espagnole, d'un côté, et le cirque d'Espingo et la partie supérieure du val du port de Vénasque, de l'autre, s'élèvent de hautes montagnes dont les sommets dépassent 3000 mètres d'altitude, région qui devait être encore très glacée et enneigée quand la vie commençait à redevenir possible pour les végétaux et les animaux dans la partie supérieure du val du port de Vénasque et, plus encore, dans le cirque d'Espingo.

Recherchons maintenant la provenance des espèces monticoles actuelles, végétales et animales, de ces deux localités.

Une partie d'entre elles doit provenir d'espèces campicoles, c'est-à-dire des régions basses (plaines et collines), qui, en se modifiant dans le milieu montagnard, ont formé des variétés, des races, des sous-espèces et même des espèces spéciales.

Une autre partie de ces espèces monticoles sont ce que les naturalistes appellent des relictes (ou reliques) glaciaires, qui étaient répandues dans les montagnes pyrénéennes lors des périodes froides des temps quaternaires et qui s'y sont maintenues jusqu'à nos jours. Ces espèces eurent probablement de faibles distances à parcourir pour occuper les deux endroits en question lorsque la vie végétale et animale y fut de nouveau possible. Il est probable que les relictes glaciaires ne sont pas arrivées jusqu'à nous sans éprouver des variations, et que si des naturalistes avaient sous les yeux des spécimens quaternaires et des spécimens actuels d'une même espèce, ils constateraient souvent des différences entre eux.

Quant à l'apport méditerranéen, il paraît avoir été bien faible dans la florule et à peu près nul dans la faunule des deux localités dont il s'agit. Je crois que l'on peut citer l'*Iris xiphioides* Ehrh., assez commun dans les Pyrénées et qui existe au cirque d'Espingo, comme provenant d'une espèce méditerranéenne voisine, l'*Iris xiphium* Ehrh.

Le peuplement des montagnes en végétaux et en animaux est un problème très vaste et très complexe, encore à l'état embryonnaire, dont la solution se fera progressivement par l'accumulation de faits dont l'observation précise est indispensable.

M'intéressant beaucoup à la distribution altitudinale des animaux et des végétaux, je me propose de récolter dans le canton de Bagnères-de-Luchon, en 1929 et 1930, de nombreux matériaux en vue d'un mémoire sur la distribution hypsométrique des Arthropodes terrestres que l'on trouve sous les pierres, dans les étages montan, subalpin et alpin de ce canton.

Sans doute, il est plus captivant pour un biologiste, et plus avantageux pour sa renommée, de livrer au monde savant des publications synthétiques qu'on lit, au lieu de se borner, après de longues et minutieuses recherches, à rédiger des mémoires arides comme celui-ci, dont la plus grande partie est à peine lue. Certes, je m'intéresse beaucoup aux vastes généralisations, établies parfois sur une documentation insuffisante, mais je n'oserais pas les entreprendre. C'est une affaire de tempérament. Je ne suis pas un architecte, mais un simple manœuvre apportant des matériaux aux édificateurs de synthèses. Toutefois, je crois pouvoir dire, sans imprudence, que les considérations générales concernant la florule et la faunule des deux endroits en question s'appliquent aussi à des localités analogues de la partie centrale des Pyrénées françaises.

Parmi les nombreux touristes qui, pendant la belle saison, montent au cirque d'Espingo et au port de Vénasque, peu s'intéressent à la flore ou à la faune, et quelques-uns seulement aux profondes modifications qui se sont produites dans ces lieux depuis les très lointaines époques où, pendant toute l'année, ils étaient couverts d'un manteau de glace et de neige. L'attrait sportif et hygiénique des excursions et les jouissances esthétiques suffisent le plus souvent aux touristes. Je crois que le charme de leurs courses dans les montagnes serait augmenté s'ils avaient des connaissances scientifiques suffisantes pour comprendre comment les paysages variés qu'ils admirent se sont formés, au cours de nombreux siècles, sous la seule action des forces inconscientes de la nature.

ROUEN

IMPRIMERIE LECERF FILS

1928

Négatif d'Henri Gadeau de Kerville.

Photocoll. Lecerf fils, Rouen.

VUE PARTIELLE DU CIRQUE ET DU LAC D'ESPINGO.

Négatif d'Henri Gadeau de Kerville.

Photocoll. Lecerf fils, Rouen.

LE LAC D'ESPINGO.

Négatif d'Henri Gadeau de Kerville.

Photocoll. Lecerf fils, Rouen.

LES QUATRE LACS DU PORT DE VÉNASQUE.

Négatif d'Henri Gadeau de Kerville.   Photocoll. Lecerf fils, Rouen.

LE PIC DE LA MINE.

(A droite, l'échancrure où se trouve le port de Vénasque,
et, au premier plan, une partie d'un des lacs du port).

MATIÈRE & MOUVEMENT
HGK
TOUT POUR L'HUMANITÉ

BIBLIOTHEQUE NATIONALE DE FRANCE
3 7531 03987225 5

www.ingramcontent.com/pod-product-compliance
Ingram Content Group UK Ltd.
Pitfield, Milton Keynes, MK11 3LW, UK
UKHW022100170726
13837UKWH00003B/1025